BEI GRIN MACHT SICH IHR WISSEN BEZAHLT

Benjamin Geiger

Impfungen. Vertretbar oder nicht?

Ideen, die die Welt verändern

GRIN Verlag

Bibliografische Information der Deutschen Nationalbibliothek:

Die Deutsche Bibliothek verzeichnet diese Publikation in der Deutschen National-
bibliografie; detaillierte bibliografische Daten sind im Internet über http://dnb.d-
nb.de/ abrufbar.

Impressum:

Copyright © 2011 GRIN Verlag, Open Publishing GmbH
Druck und Bindung: Books on Demand GmbH, Norderstedt Germany
ISBN: 978-3-656-93075-4

Dieses Buch bei GRIN:

http://www.grin.com/de/e-book/184651/impfungen-vertretbar-oder-nicht

GRIN - Your knowledge has value

Der GRIN Verlag publiziert seit 1998 wissenschaftliche Arbeiten von Studenten, Hochschullehrern und anderen Akademikern als eBook und gedrucktes Buch. Die Verlagswebsite www.grin.com ist die ideale Plattform zur Veröffentlichung von Hausarbeiten, Abschlussarbeiten, wissenschaftlichen Aufsätzen, Dissertationen und Fachbüchern.

Besuchen Sie uns im Internet:

http://www.grin.com/

http://www.facebook.com/grincom

http://www.twitter.com/grin_com

1. EINLEITUNG

In früheren Jahrhunderten starben regelmäßig tausende von Menschen an epidemieartig auftretenden Krankheiten. Auf Grund der hohen Infektionsgefahr einiger Krankheiten erkrankten ganze Dörfer und Städte an tödlichen Krankheiten und wurden teilweise vollständig ausgerottet. Durch einen großartigen Zufall wurde im 18. Jahrhundert entdeckt, dass bei einigen Krankheiten die Menschen, die die Krankheit überlebten, ein Leben lang immun gegen die Krankheit waren. Erst auf Grund dieser Entdeckung konnten die ersten Impfstoffe entwickelt werden. Dadurch ist der Mensch heutzutage in der Lage sich gegen einige Krankheiten, die schwere Folgeschäden hinterlassen oder sogar zum Tod führen, zu schützen. Trotzdem hat es der Mensch bis heute nicht geschafft gegen alle gefährlichen, teilweise zum Tode führenden Krankheiten wirksame Impfstoffe zu entwickeln, zum Beispiel gegen den HI-Virus. Impfungen sind jedoch nach wie vor auch umstritten. Es gibt Menschen, die es auf Grund ihrer persönlichen oder religiösen Einstellungen ablehnen sich und ihre Kinder impfen zu lassen. Dadurch können diese Krankheiten weiterhin übertragen werden. Andererseits sind aber auch manche Krankheiten durch die Erfindung der Impfung ausgerottet worden. Impfungen waren auch, gerade in den Anfängen, nicht ganz ungefährlich. Durch den Versuch der Immunisierung durch Impfstoffe erkrankten manche Menschen und trugen bleibende Schäden davon. Durch die Verbesserung der Impfstoffe konnte man auch hier deutliche Erfolge erzielen. Heutzutage kann man auch eine gewisse „Impfhysterie" beobachten, was uns das Beispiel der Schweinegrippe gezeigt hat. Darüber hinaus diskutieren einige Wissenschaftler ernsthaft darüber, ob und wie Impfungen möglicherweise daran beteiligt sind Autoimmunerkrankungen beim Menschen auszulösen, wie zum Beispiel Multiple Sklerose. Doch im Großen und Ganzen überwiegen die positiven Auswirkungen von Impfungen und erscheinen uns als ein Segen für die Menschheit: „Impfungen gehören zu den wichtigsten und wirksamsten präventiven Maßnahmen, die in der Medizin zur Verfügung stehen. [...] Unmittelbares Ziel der Impfung ist es, den Geimpften vor einer ansteckenden Krankheit zu schützen."[1] Anhand dieser beiden Sätze sieht man die Bedeutung, die in der Erfindung der Impfung steckt. Doch nicht immer und nicht jeder ist dermaßen überzeugt von heutigen Impfstoffen. Die Erfindung, Weiterentwicklung, positive und negative Aspekte von Impfungen, sowie deren Auswirkungen auf den Menschen und die Gesellschaft werde ich hier in meiner Seminararbeit genauer erläutern.

---

[1] Robert Koch-Institut in Berlin; http://www.rki.de/nn_199596/DE/Content/Infekt/Impfen/impfen.html, Stand: 17.08.2010

2. Definition und kurzer geschichtlicher Hintergrund

Die Impfung, auch Schutzimpfung genannt, ist eine Maßnahme, die der Vorbeugung von Infektionskrankheiten dient. Man unterscheidet zwischen der aktiven und passiven Impfung. Bei der aktiven Impfung wird der Impfstoff aus abgeschwächten, abgetöteten oder modifizierten Krankheitserregern hergestellt mit dem Ziel, dass der Körper daraufhin Antikörper gegen die Krankheit bildet und somit bei einer Infizierung mit dem entsprechenden Erreger sofort aktiv werden kann und dadurch das Ausbrechen der Krankheit verhindert wird. Bei der passiven Immunisierung werden die Antikörper in hoher Konzentration direkt gespritzt, um die im Körper bereits vorhandenen Erreger abzutöten. Die Impfung ist heutzutage ein sehr wichtiger Bestandteil der Gesundheitsvorsorge der Menschheit. Wegen des einschlägigen Erfolges bei der Bekämpfung von Infektionskrankheiten ist es verständlich, dass Impfungen im Laufe der Jahrhunderte immer populärer und gesellschaftlich anerkannt wurden. Sie verbreiteten sich nach und nach über die ganze Welt. Somit wurde nicht zuletzt auch die Verbesserung und die Erforschung neuer Impfstoffe immer weiter vorangetrieben, mit dem Resultat, dass die Menschheit heute die Möglichkeit hat, sich gegen einige gefährliche Krankheiten durch Impfungen wirksam zu schützen.

Nachdem vermutlich schon 200 v. Chr. die Chinesen oder Inder versucht hatten, Menschen durch absichtliche Infektion zu immunisieren und von den Türken berichtet wurde, dass sie pulverisierte Pockenkrusten von Erkrankten auf die Nasenschleimhäute zur Immunisierung gegen Pocken aufbrachten, gelang Edward Jenner im Jahr 1796 der fundamentale Durchbruch, der die Menschheit in der Bekämpfung von tödlichen Infektionskrankheiten einen entscheidenden Schritt weiterbrachte. Jenner hatte beobachtet, dass Menschen, die an der leichten Form der Kuhpocken erkrankt waren, nicht mehr an Pocken erkrankten. Er infizierte daraufhin einen Jungen mit den Kuhpocken und tatsächlich, der Junge erkrankte nicht an Pocken.[2]

Zwischenzeitlich gibt es eine Vielzahl von Impfstoffen für Mensch und Tier. Denn auch die Nutztierhaltung, die eine wichtige Nahrungsquelle des Menschen darstellt, profitiert mittlerweile in hohem Maße von der Gesunderhaltung der Tiere mittels Impfungen. Früher sind auch hier ganze Tierbestände verschiedenen Infektionskrankheiten wie

---

[2] http://de.wikipedia.org/wiki/Impfung

z.B. der Blauzungenkrankheit zum Opfer gefallen. Dadurch waren Tierhaltungsbetriebe ruiniert und die Fleischversorgung war gefährdet.

Zuletzt muss auch die Impfung von Haustieren erwähnt werden, denn obwohl viele Tierkrankheiten nicht auf den Menschen übertragen werden, kann die Tollwut oder der Wundstarrkrampf, die von Tieren auf Menschen übertragen werden können und gegen die man impfen kann, für den Menschen tödlich enden.

3. Ausrottung von Krankheiten als Folgen der Erfindung der Impfung

Impfungen tragen zu einem erheblichen Anteil dazu bei, dass inzwischen einzelne gefährliche Krankheiten sogar als ausgerottet gelten wie beispielsweise die Pocken, eine gefährliche Krankheit, die oft tödlich endete. Gegen diese Krankheit wird inzwischen in Deutschland gar nicht mehr geimpft. Auch die Masern sollten eigentlich bis 2010 eliminiert sein, was aber bisher nicht gelungen ist, wie wir später anhand aktueller Zeitungsberichte noch erfahren. Hier hat selbst Deutschland, welches zu den Ländern mit einem guten Gesundheitssystem zählt, zusammen mit einigen anderen europäischen Staaten, das Ziel verpasst. Es erkranken trotz einer funktionierenden Impfstruktur in Deutschland jährlich mehrere hundert Kinder an Masern. Darüber hinaus stieg die Zahl der Erkrankten im Jahr 2010 noch über die des Vorjahres. Das Robert-Koch-Institut registrierte 2009 571 Erkrankungen, doch im Jahr 2010 sind es bereits 777. Das entspricht einem Anstieg von 36 Prozent, wobei die Zahl der Erkranken im allgemeinen stark schwankt und dies nicht die Verbreitung der Masern bedeutet.[3] Nun wurde die Zielmarke für Deutschland auf 2015 erhöht.[4] Grund der schlechten Impfquote in Deutschland sind wohl impfskeptische Eltern, die anhand kursierender negativer Gerüchte über den Masernimpfstoff, die Impfung ihrer Kinder ablehnen. Um die Ausrottung einer Krankheit zu erreichen ist eine Impfquote von mindestens 95 Prozent erforderlich. Wie im folgenden Schaubild zu erkennen ist, ist dies insbesondere bei der zweiten Masern Impfung nicht der Fall. Mit einer Impfquote von 88,4 Prozent im Jahr 2007 ist eine Ausrottung der Masern nicht möglich, denn ein befriedigender Schutz vor der Erkrankung ist erst mit der zweiten Impfung erreicht. Auch im Jahre 2008 erreichte die Quote der zweiten Masern Impfung mit nur 89 Prozent nicht die angestrebten 95 Prozent.

Die Impfquoten werden in Deutschland nur bei der Einschulung erfasst. Diese Art der Erfassung ist durch das Infektionsschutzgesetz gesetzlich geregelt.[5]

---

[3] http://www.spiegel.de/wissenschaft/medizin/0,1518,742820,00.html

[4] **Thiesmann-Reith**, Heike; Pädiatrix - Das Magazin für Kinderheilkunde, Nr. 3, April 2011, S. 10-14

[5] http://www.impfserviceplus.de/main/News/index.html?msg-id=01784

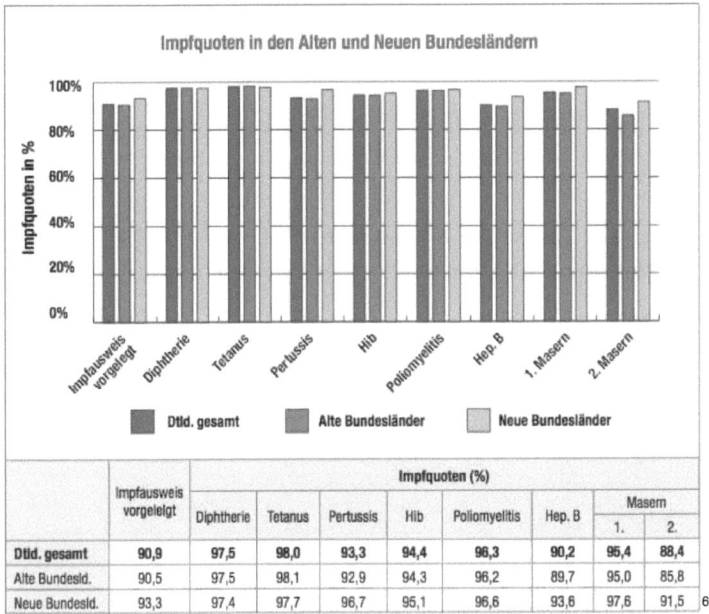

Tabelle 1: An das RKI übermittelte Impfquoten in % der Kinder mit vorgelegtem Impfausweis bei den Schuleingangsuntersuchungen in Deutschland 2007 (n = 705.390). Für Sachsen wurden bei der MMR-Impfung die Daten aus den 2. Klassen verwendet. Für Sachsen-Anhalt wurden Daten von 4- bis 5-jährigen Kindern verwendet, die 2007 untersucht, jedoch erst 2008 eingeschult wurden. Stand: April 2009; Quelle: Epidemiologisches Bulletin 16/2009

Trotz allem haben sich die Impfquoten im Kindesalter in den letzten Jahren erheblich verbessert und somit auch dazu beigetragen impfbare Krankheiten erfolgreich zurück zu drängen. [7]

Die Pocken wurden von der Weltgesundheitsorganisation bereits am 8. Mai 1980 als ausgerottet erklärt.[8] Der letzte Erkrankungsfall trat 1977 in Somalia auf.

Gelungen ist dies unter anderem dadurch, dass die Weltgesundheitsorganisation 1967 eine Impflicht gegen Pocken erlassen hat. In Deutschland konnte die Impfpflicht 1983 wieder aufgehoben werden. Das Virus gibt es seither, offiziell nur noch in Russland und den USA, jedoch nur in Laboratorien.[9] Auch für die Masernimpfung wurde die Bundesregierung vom 109. Ärztetag 2006 aufgefordert, sie als Pflichtimpfung

---

[6] Tabelle 1: Reiter S: Berichtsband der 1. Nationalen Impfkonferenz - Impfschutz im Dialog. Ein gemeinsames Projekt, Stiftung Präventive Pädiatrie, S. 23

[7] Reiter S: Berichtsband der 1. Nationalen Impfkonferenz - Impfschutz im Dialog. Ein gemeinsames Projekt, Stiftung Präventive Pädiatrie, S. 23

[8] http://de.wikipedia.org/wiki/Pocken

[9] http://www.kiggs.de/kids/welt_der_medizin/pocken/index.html

vorzusehen, doch um in Deutschland eine Impfpflicht durchzusetzen müssen einige rechtliche Hürden überwunden werden, was letztendlich die Ursache dafür war, dass die Impfpflich nicht durchgesetzt werden konnte.[10] Obwohl die Ausrottung gefährlicher Krankheiten erwünscht scheint, ist dies der Menschheit nur in Einzelfällen gelungen. Die Gründe hierfür möchte ich in den nächsten Kapiteln näher erläutern. Gleichzeitig sind aber auch neue Erkrankungen epidemieartig aufgetreten wie z. B. Aids, gegen die man bisher nicht impfen kann, an deren Entwicklung von Impfstoffen jedoch intensiv geforscht wird.

---

[10] **Martin R. M**: Berichtsband der 1. Nationalen Impfkonferenz - Impfschutz im Dialog. Ein gemeinsames Projekt, Stiftung Präventive Pädiatrie, S. 74-78

4. DIE VERBESSERUNG DER IMPFSTOFFE / DIE ENTDECKUNG NEUER IMPFSTOFFE

Intensive Forschung ist der Schlüssel zum Erfolg. Das heißt der Ausgangspunkt um Impfstoffe zu verbessern oder neue Impfstoffe zu entwickeln liegt in der Forschung. Auf Grund der intensiven Forschung der wichtigsten Impfstoffhersteller, unter anderem in Deutschland, liegen Impfstoffe gegen Krankheiten wie Aids in nicht all zu ferner Zukunft, auch wenn die Forschungen noch in den Anfängen steckt. Wie lange die Impfstoffe auf sich warten lassen kann man leider nicht vorhersagen aber es werden bestimmt einige Jahre intensiver Forschung vonnöten sein, um ein Impfstoff gegen komplexe Krankheiten wie Aids erfolgreich auf den Markt zu bringen.[11] Folgende Tabelle zeigt Impfstoffe die sich bereits in den Impfstoff-Pipelines der verschiedenen Hersteller befinden.

---

[11] Friede M: Vortrag im Rahmen der 2. ECDC-Konferenz Eurovaccine, Stockholm, Dezember 2010

7

Pipelines der wichtigsten Impfstoffhersteller (Auszug; Update Juni 2010)			
GlaxoSmithKline*	Novartis	SPMSD*	Wyeth (Pfizer)*
Alzheimer			Alzheimer
Cytomegalievirus		Cytomegalievirus	
Denguefieber		Denguefieber	
	Gruppe-B-Streptokokken		
	Helicobacter pylori	Helicobacter pylori	
Herpes genitalis			
	Hepatitis C	Hepatitis C	
HIV	HIV	HIV	
Krebs (Melanom, Bronchialkarzinom)		Krebs(kolorektales Karzinom, Melanom)	Krebs (Glioblastoma Multiforme)
Malaria			
Meningokokken-Konjugat-Impfstoffe	Meningokokken B,	Meningokokken B	Meningokokken B
	Meningokokken ABCWY		13-valenter Pneumo-kokken-Impfstoff (Erwachsene)
		Staphylococcus aureus	Staphylococcus aureus
Tuberkulose		Tuberkulose	
Zoster			

[12]

Um eine Krankheit hingegen erfolgreich auszurotten müssen die Impfstoffe teilweise erheblich verbessert werden und damit eine breite Akzeptanz über den gesamten Globus erreicht werden kann. Um aber in Entwicklungsländern eine ausreichend gute Impfquote zu erreichen, steht die Verfügbarkeit der Impfstoffe im Vordergrund. Eines der größten Probleme der Entwicklungsländer mit den Impfstoffe ist die mangelnde sachgerechte Lagerung der Impfstoffe, insbesondere der Kühlung. Bei nicht ausreichender Kühlung werden Impfstoffe schnell unbrauchbar. Die Forschung hat auch hier bereits Fortschritte gemacht. Ein Masernimpfstoff, der sich auch ungekühlt

---

[12] **Tabelle 2: Heininger U**: Berichtsband der 1. Nationalen Impfkonferenz - Impfschutz im Dialog. Ein gemeinsames Projekt, Stiftung Präventive Pädiatrie, S. 69 - *Daten aktualisiert im Juli 2010. Die historischen Werte vom März 2009 können im Abstractband (http://www.nationale-impfkon-ferenz.de/ media/Abstractband_5_03_09_.pdf) nachgelesen oder beim Autor erfragt werden.

lagern lässt, wird bereits getestet. US-Forscher haben einen Impfstoff in Form eines Puders entwickelt, welches lediglich inhaliert werden muss um eine Immunisierung zu erreichen. Erste bereits durchgeführte Versuche an Affen, zeigten bereits Wirkung.[13] Die Impfstoffe zu verbessern, trägt auch dazu bei, dass Nebenwirkungen vermindert werden können, doch selbst heute noch gelten die vielfach verbesserten Impfstoffe als nicht vollkommen ungefährlich. So kann es vorkommen, dass durch die Injizierung eines Impfstoffes Nebenwirkungen auftreten, die mehr oder weniger gefährlich sein können.

---

[13] http://www.spiegel.de/wissenschaft/medizin/0,1518,742820,00.html

5. IMPFSCHÄDEN INFOLGE VON IMPFUNGEN

Wegen der Nebenwirkungen die aber in der Regel weitaus weniger schlimme Komplikationen darstellen als der eigentliche Krankheitsverlauf, lehnen verschiedene Impfgegner eine, mehrere oder gar alle Impfungen ab. Nicht nur die Angst vor Komplikationen, sondern auch bestimmte weltanschauliche oder religiöse Einstellungen veranlassen manche Menschen dazu, Impfungen kategorisch abzulehnen.

Aber was genau ist eigentlich ein Impfschaden und ist es berechtigt sich gegen Impfungen zu stellen um so von ihren Nebenwirkungen unberührt zu bleiben?

Als Impfschaden bezeichnet man einen Gesundheitsschaden, der durch eine Impfung ausgelöst wird und über die üblichen, harmlosen Impfreaktionen hinausgeht.[14] Die Problematik der Gesundheitsschäden, vermeintlich ausgelöst durch Impfungen, liegt jedoch darin, dass die Gesundheitsschäden infolge einer Impfung meist ungeklärte Hintergründe besitzen und häufig nicht eindeutig auf die Impfung zurückzuführen sind. Immunsupprimierte Menschen [15], für die eine Impfung möglicherweise viel wichtiger wäre als für eine gesunde Person, oder durch Krankheit vorgeschädigte Menschen, reagieren auf Impfungen möglicherweise viel heftiger als gesunde Menschen. Bis heute sind dazu keine adäquaten Langzeitstudien an gesunden Probanden durchgeführt worden, deren Ergebnisse womöglich Aufschluss liefern könnten. Dennoch gibt es eine Reihe bekannter Impfschäden, die von chronischer Abwehrschwäche bis hin zum plötzlichen Kindstod reichen. Die letzte Entscheidung, sich gegen eine bestimmte Krankheit impfen zu lassen kann niemandem abgenommen werden und muss von jedem einzelnen für sich selbst, bzw. von den Eltern für ihr Kind, entschieden werden. Hierzu muss sorgfältig Nutzen und Risiko abgewogen werden. Die 16-köpfige „Ständige Impfkommission" in Deutschland beschäftigt sich beispielsweise mit dem Verhältnis von Nutzen und Risiko des Impfens und versucht auf Grund wissenschaftlicher Grundlagen Empfehlungen für Schutzimpfungen in Deutschland auszusprechen. Kosten-Nutzen-Bewertungen werden hingegen nicht von der „Ständigen Impfkommission" untersucht. Des Weiteren werden Impfpläne erstellt,

---

[14] http://www.impfschaden.info/de/impfschaeden-allgemein.html

[15] **Immunsupprimierte Menschen,** sind Menschen bei denen auf Grund der Gabe von Medikamenten die Abwehrreaktion des Immunsystems unterdrückt wird. (z.B. bei einer Transplantation)

die bei den Gesundheitsämtern und Ärzten erfragt werden können und die empfohlenen Impfungen sind von den Krankenkassen seit 01.04.2007 zu bezahlen.[16] Auf Grund der folgenden Zitate stellt sich mir jedoch folgende Frage:

Lassen sich Impfschäden wirklich auf Gesundheitsschäden reduzieren, sowie es die oben genannte Definition einem zu verstehen gibt oder gibt es Impfschäden die weitaus anders definiert werden und auch noch an einer anderen Stelle zu suchen sind?

Hierzu einige meiner Meinung nach merkwürdig anmutende Zitate von Dr. med. Gerhard Buchwald (* 15. Februar 1920 in Eisenberg; † 19. Juli 2009), einem bekannten Impfkritiker und u.a. Arzt für Naturheilkunde, der zugleich mehrere impfkritische Bücher geschrieben hat:

"Zur Erklärung zunehmender Dummheit und zunehmender Gewaltkriminalität brauchen wir nicht die ausgefallendsten [sic] Theorien heranziehen, denn die Lösung liegt auf der Hand: Intelligenzverlust führt zur Kriminalität. Um es deutlich zu sagen: Ursachen dieser Entwicklung sind die Impfungen."[17]

"Es wird vorgetragen: Impfschäden möge es früher gegeben haben, inzwischen seien die Impfstoffe so verbessert worden, daß [sic] Impfschäden nicht mehr vorkommen könnten. Das ist ein Denkfehler.
Impfschäden haben ihre Ursache nicht im Impfstoff, sondern in der Struktur des Impflings. [...]" „Meines Erachtens ist das schon Beweis genug, daß [sic] eine Impfschädigung ihre Ursache nicht im Impfstoff haben kann. [...]"
„Von einer Impfschädigung werden daher vermutlich besonders hoch differenzierte Gehirne betroffen und wahrscheinlich vernichten wir über die Impfschäden die Spitzenintelligenz unseres Volkes."[18]

"In der Dritten Welt ist sicher vieles anders als bei uns; Kultur, Zivilisation und Wohlstand. Wahrscheinlich sind nicht nur die dortigen Länder in ihrer Gesamtheit unterentwickelt, möglicherweise sind dies auch die Nervensysteme der Neugeborenen und der Kleinkinder. Vielleicht liegt es daran, dass Impfungen so komplikationslos

---

[16] http://www.rki.de/cln_151/nn_195852/DE/Content/Infekt/Impfen/STIKO/stiko_node.html?_nnn=true

[17] Petek-Dimmer Anita; Rund ums Impfen, AEGIS Verlag 2004 G. Buchwald. Nachwort zur 1.Auflage, Seite 177

[18] Gerhard Buchwald; Der Homöopathie Kurier 1988: Heft 4, S. 16-20

vertragen werden, wie von Herrn Ehrengut geschildert. Vorsichtig möchte ich jedoch erinnern, dass die Nebenwirkungen meist erst nach vielen Jahren an das Tageslicht kommen. Trotz zunächst noch bestehender kindlicher Unreife der Gehirne unserer Kinder, scheinen diese im Gegensatz zu den Gehirnen der Kinder der Dritten Welt doch <<hoch entwickelt>> zu sein, um auf Impfungen entsprechend zu reagieren."[19]

Dr. med. Gerhard Buchwald behauptet in seinen Zitaten, dass es inzwischen weitgehend unmöglich sei gesundheitsschädliche Impfschäden zu erleiden. Darüber hinaus kann man ihn so verstehen, dass die Impfschäden nicht in Gesundheitsschäden zu finden sind, sondern durch Impfungen die Intelligenz unserer Bevölkerung negativ beinflusst wird. Er meint es seien lediglich die hoch entwickelten Strukturen der intelligenten Menschen anfällig für Impfschäden, wobei die unterentwickelten, zum Beispiel aus der Dritten Welt, wie Buchwald behauptet von Impfschäden verschont bleiben.[20]

Die damalige deutsche Bevölkerung, ein „Volk der Dichter und Denker", heute hingegen ein „Volk der Schwerbeschädigten und Frührentner".[21] Buchwald behauptet diese Entwicklung sei auf Grund der Impfungen vorangetrieben worden. Inwiefern dies zutrifft und die Spitzenintelligenz eines Volkes vernichtet wird und ob wirklich nur die hoch entwickelten Gehire der Gesellschaft von Impfschäden betroffen sind, lässt sich jedoch bis in die heutige Zeit nicht nachweisen, was mich dazu veranlasst Impfschäden weiterhin auf Gesundheitsschäden zu reduzieren und den Aspekten Buchwalds keinen Glauben zu schenken. Buchwalds Einstellung ist meiner Meinung nach eine absurde Meinung, die er selber nie belegen konnte.

Buchwald war vom Nazi-Regime geprägt, für mich die einzige Erklärung für derartige Sätze. Diese Zitate sind trotzdem hier genannt, weil sich jeder seine Meinung zu diesem Thema schaffen muss und ich auch eine sehr extreme Meinung hier anführen will. Des Weiteren steht Buchwald nicht allein mit seiner Meinung.

Im Laufe der Jahre haben sich verschiedene Gruppen von Impfgegnern gebildet, die versuchen ihre Meinung zu vertreten.

---

[19] Buchwald Gerhard; Gedanken zu Publikationen eines Impfgegners - Naturheilpraxis, 1989; 5: S. 5-10

[20] Buchwald Gerhard; Gedanken zu Publikationen eines Impfgegners - Naturheilpraxis, 1989; 5: S. 5-10

[21] Zentralverband der Arzte für Naturheilverfahren e. V.; Ärztezeitschrift für Naturheilverfahren - Physiotherapie, Heft 11, Novermber 1987, S.867

6. BEISPIELE FÜR IMPFGEGNER UND IHRE THEORIEN

In Deutschland fällt schätzungsweise 36 Prozent der Bevölkerung in impfkritische Gruppierungen. Man muss hier jedoch zwischen Impfgegnern und Impfskeptikern unterscheiden, da Impfskeptiker eine Impfung nicht generell ablehnen, es werden von ihnen lediglich Wirksamkeit, Sicherheit und Nebenwirkungen hinterfragt. Impfgegner hingegen lehnen Impfungen generell ab. In Deutschland sind nur 1-3 Prozent der 36 Prozent Impfgegner, also ein relativ kleiner aber lautstarker Anteil. Impfkritik wird inzwischen sogar kommerziell betrieben.[22]

Unter den weltweit verbreiteten Impfgegnern ist deren Anteil in anderen Ländern teilweise erheblich höher als in Deutschland.[23]

In erster Linie sind es spezielle religiöse oder weltanschauliche Gründe, die manche Menschen dazu veranlassen, trotz eines nachweislichen Nutzens, sich und ihre Kinder nicht impfen zu lassen.

Als Hauptkommunikationsweg der Impfgegner gilt das Internet, welches eine schnelle und unkomplizierte Verbreitung impfgegnerischer Ideen ermöglicht. Oft sind Impfgegnerische Seiten unter den ersten Links, auf die man bei der Suche nach Informationen stößt. Auch Broschüren oder Flyer und nicht zuletzt Kongresse und Vorträge werden zur Verbreitung der Ideen genutzt.[24] Hierzu möchte ich die wichtigsten Argumente der Impfgegner kurz anführen:

---

[22] Reiter S: Berichtsband der 1. Nationalen Impfkonferenz - Impfschutz im Dialog. Ein gemeinsames Projekt, Stiftung Präventive Pädiatrie, S. 22-27

[23] **Thiesmann-Reith Heike**; Pädiatrix - Das Magazin für Kinderheilkunde, Nr. 3, April 2011, S. 10-14

[24] Reiter S: Berichtsband der 1. Nationalen Impfkonferenz - Impfschutz im Dialog. Ein gemeinsames Projekt, Stiftung Präventive Pädiatrie, S. 22-27

- „Impfen schützt nicht (weil auch Geimpfte u.U.erkranken können)

- Impfungen sind überflüssig (ohne Impfung steigende Erkrankungszahlen werden ignoriert, verbesserter Lebensstandard und Hygiene gelten als einzige Ursache für den Rückgang von Infektionskrankheiten)

- Impfen ist schädlich (Impfstoffe enthalten z.b. gefährliche Bestandteile, verursachen Aids oder Multiple Sklerose, Nebenwirkungen werden als extrem stark wahrgenommen)

- Impfungen überlasten das kindliche Immunsystem (Nestschutz gilt als ausreichend)

- Langzeitfolgen von Impfungen sind unbekannt (Langzeitstudien und jahrzehntelange Erfahrungen mit Impfstoffen werden ignoriert)

- Durchmachen der Erkrankung hat Vorteile (z.b. Entwicklungsschub bei Kindern)" [24]

Häufig wird von Impfgegnern jedoch nur pseudowissenschaftlich argumentiert, das heißt die Fallschilderung nimmt den Platz der Statistik oder wissenschaftlicher Forschungen ein. Außerdem zitieren sich Impfgegner gegenseitig oder lösen Zitate aus jeglichem Zusammenhang oder sie verwenden veraltete Daten um ihre Behauptungen zu untermalen.

Im Wesentlichen sind die Argumente der Impfgegner weltweit nicht zu unterscheiden.[25] Im deutschsprachigen Raum haben sich beispielsweise verschiedene Gruppierungen von Impfgegnern gebildet, die sich zum Teil in Vereinen zusammen geschlossen haben und unter anderem die oben genannten Argumente vertreten.

Zum Beispiel der Verein Libertas & Sanitas e.V., eine deutsche Selbsthilfeorganisation, die ursprünglich von Eltern gegründet wurde, verfechtet die Meinung, dass der Impfung nie eine Wirksamkeit nachgewiesen wurde.[26]

Ebenso die AEGIS[27], eine schweizerische Impfgegnergruppe, die ebenso in Deutschland tätig ist, lehnt sich gegen den Nutzen einer Impfung und deren

---

[25] Reiter S: Berichtsband der 1. Nationalen Impfkonferenz - Impfschutz im Dialog. Ein gemeinsames Projekt, Stiftung Präventive Pädiatrie, S. 22-27

[26] Reiter S: Berichtsband der 1. Nationalen Impfkonferenz - Impfschutz im Dialog. Ein gemeinsames Projekt, Stiftung Präventive Pädiatrie, S. 22-27

[27] Aktives Eigenes Gesundes Immunsystem

Schädlichkeit auf. Schon an ihrem Leitsatz auf der Startseite ihrer Internetseite ist dies zu erkennen:

„Jede Impfung ist so ein schädlicher Einfluss!"[28]

Eine weitere Gruppe von Impfgegnern sind die Anthroposophen, Vertreter einer esoterischen Weltanschauung. Ihr Gründer Rudolf Steiner (1861 – 1925) vertrat die Ansicht, dass die Auseinandersetzung mit einer Krankheit ein bedeutender Entwicklungsschritt für Körper und Seele darstellt. Wenn aber die Krankheit durch eine Impfung verhindert wird, fällt dieser für Rudolf Steiner sehr bedeutende Entwicklungsschritt für den Menschen aus.

Auch die Homöopathen, Anhänger einer alternativ medizinischen Behandlungs-methode im Gegensatz zur Schulmedizin, stehen Impfungen kritisch gegenüber, sie sind in der Regel aber selten absolute Impfgegner, sie stehen Impfungen lediglich skeptisch gegenüber. Sie behaupten, dass die in Frage kommenden Krankheiten homöopathisch behandelbar sind und bei den meisten Menschen nutzlos sind, weil nur ein Bruchteil der Menschen erkrankt. Außerdem bezeichnen sie die Impfung als Körperverletzung.[29]

Darüber hinaus wettern Geistliche verschiedener Religionen gegen Impfungen. Das Focus Magazin berichtete im Oktober 2007 in einem Artikel über muslimische Geistliche, die in Nigeria ein Polio-Impfprogramm gefährdet haben. Die Kinderlähmung war schon fast ausgerottet, da wurde ein islamisches Rechtsgutachten (=Fatwa) erlassen, in dem behauptet wurde, der Impfstoff mache unfruchtbar. Auch der badische Pfarrer Heinrich Hansjakob schimpfte sogar während der Pockenepidemien im 19. Jhd. gegen Impfungen und behauptete „die Herren Mediziner verbessern die Schöpfung durch Impfgift".[30]

Im August 2008 berichtete Focus online über eine impffeindliche Religionsgemeinschaft in Kanada, die eine Mumps-Epidemie ausgelöst hat. Mumps kann bei jungen Männern aufgrund einer Hodenentzündung als Komplikation zu Unfruchtbarkeit führen. Damals waren 116 Fälle sowie 74 Verdachtsfälle registriert

---

[28] http://www.aegis.ch/neu/index.htm

[29] Kuschick Norbert; Homöopathie und Impfung - Eine grundsätzliche Standortbestimmung - komprimierte Fassung

[30] http://www.focus.de/gesundheit/gesundleben/vorsorge/news/medizin-die-seltsame-welt-der-impfgegner_aid_222555.html

worden. Die Vertreter dieser christlichen Religionsgemeinschaft vertreten die Meinung, dass Impfen eine Kränkung Gottes darstellt.[31]

Ein weiterer extremer Impfgegner ist der Arzt Dr. Buchwald, wie ich im Kapitel „Impfschäden" bereits erwähnt habe. Er geht sogar soweit zu behaupten, dass durch Impfungen die Spitzenintelligenz unseres Volkes vernichtet wird.

Wie bereits erwähnt steht das World Wide Web an erster Stelle, wenn es um die Verbreitung von impfkritischen Ideen geht aber auch, wenn es für Eltern um die Beschaffung von Informationen geht.

Somit treffen beide Welten aufeinander. Die, die Informationen im Internet suchen treffen auf impfkritische Aussagen der Impfgegner, was mich zu meinem nächsten Punkt führt.

---

[31] http://www.focus.de/gesundheit/gesundleben/vorsorge/news/impfen-gegen-masern_aid_116066.html

7. IMPFMÜDIGKEIT

Impfmüdigkeit bezeichnet ein gewisses Desinteresse daran, sich oder seine Kinder impfen zu lassen.[32] Doch welche Gründe gibt es für die auftretende Impfmüdigkeit? Einerseits sind es die Nebenwirkung von Impfungen, die zur Abschreckung einiger Mitbürger beitragen. Andererseits führt die Furcht vor einem Krankheitsausbruch durch die Impfung dazu die Impfung abzulehnen. Aber auf der anderen Seite steht die Nachlässigkeit. Auf Grund der vielen Erreger, zum Beispiel das Polio-Virus, die nur noch selten vorkommen verliert eine Impfung an Bedeutung, die Impfung ist somit überflüssig.[33]

In der Rhein Zeitung vom 24.9.2010, sowie in verschiedenen anderen Zeitungen wurde im Zusammenhang mit der Grippeimpfung berichtet, dass Experten eine zunehmende Impfmüdigkeit in Deutschland erwarten. Die Zeitung behauptet, dass sich nur etwa 4 % der Deutschen gegen Grippe impfen lassen, obwohl diese nicht ungefährlich sei. Selbst medizinisches Personal, welches einer erhöhten Ansteckungsgefahr ausgesetzt ist, und welches aufgrund der vielen Kontakte wiederum viele andere Menschen anstecken kann ist nur zu 20 – 25 % gegen Grippe geimpft.

Anhand computergestützter Telefoninterviews der Bundeszentrale für gesundheitliche Aufklärung lassen sich Vorbehalte bestimmten Personengruppen zuordnen. Vorbehalte gegenüber der Impfung waren unter Eltern in westlichen Bundesstaaten, unter Eltern mit höherem Schulabschluss, in Familien ohne Migrationshintergrund und mit zwei bis drei Kindern häufiger verbreitet. Anhand einer noch nicht veröffentlichen Studie, war es für die Bundeszentrale für gesundheitliche Aufklärung möglich die Einstellungen der Eltern in Deutschland gegenüber Impfungen prozentual darzustellen.[34]

Das Ergebnis zeigte, dass mehr als ein Drittel der Eltern in Deutschland Vorbehalte gegenüber Impfungen aufweisen.

---

[32] http://www.duden-suche.de/suche/trefferliste.php?suchbegriff%5BAND%5D=impfm
    %FCdigkeit&suche=homepage&treffer_pro_seite=10&modus=title&level=125

[33] **Esser Dorothea**; Schutz für Groß und Klein, Das PTA Magazin, 04/2011, Heft 4, S. 21

[34] **Thiesmann-Reith Heike**; Pädiatrix - Das Magazin für Kinderheilkunde, Nr. 3, April 2011, S. 10-14

EINSTELLUNG DER ELTERN ZUM IMPFEN [35]

35 Prozent mit Vorbehalten

64 Prozent ohne Vorbehalte

ein Prozent Impfgegner

Diese Vorbehalte haben ihren Ursprung häufig im World Wide Web, da bereits ein Viertel aller Eltern dieses als bequeme Informationsquelle nutzen, obwohl der eigene Arzt eine weitaus bessere und wichtigere Informationsquelle darstellt.[36] Auf der Suche nach Informationen im Internet stößt man sehr schnell auf impfkritische Seiten, da diese mitunter anderen Links unter den ersten zu finden sind.

Dadurch, dass heutzutage ein großer Prozentsatz von Menschen in Deutschland „durchgeimpft" ist, sind einige Krankheiten nicht mehr so präsent und werden deshalb nicht mehr als bedrohlich empfunden. Das Resultat davon ist, dass Impfungen hinausgezögert oder gar ganz vergessen werden. Das könnte bedeuten, dass Krankheiten, wie zum Beispiel die Masern, wieder epidemieartig auftreten und Menschen dadurch geschädigt werden oder sogar daran sterben, auch wenn versucht wird die Masern zu eliminieren.

Die Ärztezeitung online berichtete im Januar 2011 von einem Masernausbruch in Lübeck wonach erstmals seit 25 Jahren wieder die Masern ausgebrochen waren und man von 4 Erkrankten berichtete. Bei einem Erkrankten konnten nicht mehr alle Kontakte zurückverfolgt werden und die Betroffenen gewarnt werden. Das Gesundheitsamt appellierte in diesem Zusammenhang an alle 1970 bis 1990 Geborene dringend ihren Impfschutz zu überprüfen und sich im Zweifelsfalle impfen zu lassen. Man hatte festgestellt, dass in dieser Altersgruppe nur eine ca. 60 % Sicherheit vor Erkrankung besteht. Dieses Beispiel zeigt uns deutlich, wie ernst die Situation plötzlich werden kann, wenn ein Großteil der Menschen nicht geimpft ist und irgendwo die Krankheit wieder ausbricht. Ganz aktuell hierzu schreibt auch die Badische Zeitung am 7.4.2011, dass an der Freien Waldorfschule in St. Georgen Masernalarm ausgerufen wurde und diese Fälle auf die nachlässige Impfmoral der 1990er - Jahre zurückzuführen sei. Am 15.4.2011 schreibt ebenfalls die Badische Zeitung, dass die Waldorfschule in Offenburg geschlossen wird wegen Masern, in einem weiteren Artikel am 15.4.2011 schreibt sie, dass inzwischen an fünf Schulen im Stadtgebiet Freiburg

---

[35] Thiesmann-Reith Heike; Pädiatrix - Das Magazin für Kinderheilkunde, Nr. 3, April 2011, S. 10-14

[36] Thiesmann-Reith Heike; Pädiatrix - Das Magazin für Kinderheilkunde, Nr. 3, April 2011, S. 10-14

Masern aufgetreten sind.[37] Hierzu sei noch erwähnt, dass die Waldorfschulen eine anthroposophische Weltanschauung vertreten, die wie bereits oben erwähnt, Impfungen häufig ganz ablehnen. Die aktuellen Beispiele zeigen uns hier aber deutlich, dass nicht geimpfte Menschen dazu beitragen können, dass eine Krankheit wie die Masern wieder plötzlich epidemieartig auftreten kann.

---

[37] Badische Zeitung vom 7.4.2011 „Schulbesuch nur mit gültigem Impfpass" und vom 15.4.2011 „Waldorfschule schließt wegen Masern" und „Masern inzwischen an fünf Schulen im Stadgebiet"

8. FAZIT

Als Infektionsbekämpfung, stellen Impfungen eine durchaus effektive und auch sehr kosteneffiziente Möglichkeit dar. In der Regel ist die Einführung einer Impfung ein Grund dafür, dass kurz nach dessen Einführung die Erkrankungszahlen massiv zurückgehen. Als Beispiel hierfür kann man die Einführung der Massenimpfung in den USA im Jahr 1963 anführen. Ursprünglich erkrankten rund 500.000 Menschen jährlich an Masern, wovon 500 Todesfälle erfasst wurden. Die Einführung der Masern Impfung war maßgeblich für den Rückgang der Erkrankungen um 98 Prozent.[38] Erst durch Impfungen ist es der Menschheit gelungen Krankheiten auszurotten. Das Ausrotten der Krankheiten kam im Beispiel der Erkrankung durch Pocken jedoch nur durch eine Impfpflicht zustande, wobei sich hier die Frage stellt ob ein Staat berechtigt ist die Bevölkerung zu einer Impfung zu zwingen, weil wie bereits erwähnt, manche Menschen eine Impfung als Körperverletzung ansehen. Trotzdem sollte versucht werden die Impfquote mit Hilfe von Aufklärungskampagnen zu steigern, um eine Eliminierung auch ohne Impfpflicht zu erreichen. Es ist absolut möglich eine Steigerung der Impfquote zu erreichen und somit Krankheiten auszurotten. In Finnland aber auch in anderen Ländern ist dies beispielsweise gelungen.

Die Impfprävention[39] im 21. Jahrhundert ist eine große Herausforderung geworden. Die Gruppe der Impfgegner ist heute einflussreich und gut vernetzt. Wenn noch negative Presseberichterstattung hinzukommt, kann das die Impfquoten deutlich senken. Deshalb ist eine umfassende Kommunikation über Chancen und Risiken des Impfens, sowie die Sicherheit von Impfstoffen absolut notwendig.[40]

Auch die nicht geimpften Personen profitieren durch den so genannten „Herdenschutz". So kommt es vor, dass die Sterblichkeit der Bewohner in Senioren- und Pflegeheimen, durch die Grippeimpfung des Personals drastisch sinkt.[41]

Auch das Gesundheitssystem wird durch die Einführung von Impfungen erheblich entlastet. Deutsche Krankenkassen sparen bei einer Durchimpfungsarte von 85

---

[38] http://de.wikipedia.org/wiki/Impfung

[39] **Impfprävention** Vorbeugung durch Impfung

[40] Reiter S: Berichtsband der 1. Nationalen Impfkonferenz - Impfschutz im Dialog. Ein gemeinsames Projekt, Stiftung Präventive Pädiatrie, S. 22-27

[41] http://de.wikipedia.org/wiki/Impfung

Prozent mehrere Millionen Euro jährlich, da die Infektionen deutlich mehr Kosten hervorrufen als die der Vorsorge durch Impfungen.[42]

Den Impfbefürwortern und der Pharmaindustrie wird oft ein kommerzielles Interesse vorgeworfen, die Pharmaindustrie sei der Hauptnutznießer von Impfungen. In der Pharmaindustrie werden Milliarden mit Impfstoffen verdient. Sanofi-Aventis[43] erwartete 2008 für den Markt einen Zuwachs im Bereich Impfstoffe für die kommenden Jahre von jährlich 10 bis 15 Prozent. Auf der anderen Seite werden aber auch durch die Erforschung, Herstellung und Verabreichung von Impfstoffen weltweit viele Arbeitsplätze geschaffen.[44]

Nach der Devise „Prophylaxe ist besser als Therapie"[45] hat man es inzwischen durch die Impfungen auch geschafft die Gabe von Antibiotika beim Menschen, aber auch in der Nutztierhaltung, deutlich zu senken. Gesunde Tiere sind die Basis für gesunde Lebensmittel und somit auch die Basis für die Gesundheit des Menschen. Außerdem ist im Zusammenhang mit der Gefahr der Bildung von resistenten Keimen, die Reduzierung der Gabe von Antibiotika ein nicht zu unterschätzender weiterer Vorteil von Impfungen. [46]

In den letzten Jahren ist immer von Impfmüdigkeit die Rede gewesen. Im Jahre 2009 gab es jedoch ein neues Phänomen welches im Zusammenhang mit Impfungen zu erkennen war. Im Zusammenhang mit der Schweinegrippeimpfung brach zunächst eine wahre Impfhysterie aus. Der Grund für die Impfhysterie war unter anderem die Berichterstattung durch die Presse, die die Schweinegrippe als wesentlich gefährlicher darstellte als sich im Nachhinein herausstellte. Wegen der großen Nachfrage auf Grund der Angst war in kürzester Zeit kein Impfstoff mehr verfügbar. Dies zeigt doch mal wieder deutlich die Angst des Menschen vor in einigen Fällen tödlichen Krankheiten.

Meiner Meinung nach ist die Erfindung der Impfung tatsächlich ein Segen für die Menschheit. Die Vorteile einer Impfung überwiegen für mich deutlich die Nachteile. Ich selbst bin mit den von der „Ständigen Impfkommission" empfohlenen Impfstoffen geimpft. Auch die Zweitimpfung habe ich immer wahr genommen, da erst danach ein

---

[42] Wutzler Peter; Deutsches Ärzteblatt. Jg. 99. Heft 15.12. April 2002, S. 1024

[43] drittgrößter Pharmakonzern der Welt

[44] http://www.finanzen.net/nachricht/aktien/Sanofi-Aventis-setzt-auf-Geschaeft-mit-Impfstoffen-270154

[45] http://www.topagrar.com/news/Schwein-News-Tiergesundheit-Prophylaxe-besser-als-Therapie-92578.html

[46] http://www.topagrar.com/news/Schwein-News-Niederlande-Antibiotika-Einsatz-um-12-gesunken-316250.html

vollständiger Schutz zu erwarten ist. Ich möchte nicht an unangenehmen Krankheiten, gegen die ich mich schützen kann, wie zum Beispiel den Masern, erkranken. Schließlich gibt es noch viele weitere Krankheiten vor denen man sich nicht schützen kann die aber trotzdem gefährlich oder gar tödlich sind. Außerdem glaube ich nicht, dass meine Persönlichkeitsentwicklung durch Impfungen gestört wird.

Im engeren Bekanntenkreis habe ich selbst erfahren müssen, wie tragisch es ist, wenn ein Familienmitglied, hier der Vater, an den Folgen einer Masernerkrankung stirbt. Zuerst erkrankte das nicht geimpfte Kind, der Vater steckte sich an und ist daran gestorben.

Literaturverzeichnis / Weblinks

Literatur

Buchwald Gerhard; Der Homöopathie Kurier 1988: Heft 4, S. 16-20

Buchwald Gerhard; Gedanken zu Publikationen eines Impfgegners - Naturheilpraxis, 1989; 5: S. 5-10

Esser Dorothea; Schutz für Groß und Klein, Das PTA Magazin, 04/2011, Heft 4, S. 21

Friede M: Vortrag im Rahmen der 2. ECDC-Konferenz Eurovaccine, Stockholm, Dezember 2010

Heininger U: Berichtsband der 1. Nationalen Impfkonferenz - Impfschutz im Dialog. Ein gemeinsames Projekt, Stiftung Präventive Pädiatrie, S. 68-69

Kuschick Norbert; Homöopathie und Impfung - Eine grundsätzliche Standortbestimmung - komprimierte Fassung

Martin R. M: Berichtsband der 1. Nationalen Impfkonferenz - Impfschutz im Dialog. Ein gemeinsames Projekt, Stiftung Präventive Pädiatrie, S. 74-78

Petek-Dimmer Anita; Rund ums Impfen, AEGIS Verlag 2004 G. Buchwald. Nachwort zur 1.Auflage, Seite 177

Reiter S: Berichtsband der 1. Nationalen Impfkonferenz - Impfschutz im Dialog. Ein gemeinsames Projekt, Stiftung Präventive Pädiatrie, S. 22-27

Thiesmann-Reith Heike; Pädiatrix - Das Magazin für Kinderheilkunde, Nr. 3, April 2011, S. 10-14

Weber Ulrich; Biologie Oberstufe - Gesamtband, 2001, Cornelsen Verlag, Berlin

Wutzler Peter; Deutsches Ärzteblatt, Jg. 99, Heft 15,12. April 2002, S. 1024

Zentralverband der Arzte für Naturheilverfahren e. V.; Ärztezeitschrift für Naturheilverfahren - Physiotherapie, Heft 11, Novermber 1987, S.867

Weblinks

AEGIS - Aktives Eigenes Gesundes Immunsystem
http://www.aegis.ch/neu/index.htm

Ärzte Zeitung
http://www.aerztezeitung.de/politik_gesellschaft/article/635332/masernausbruch-luebeck-gesundheitsamt-raet-dringend-impfung.html

Duden
http://www.duden-suche.de/suche/trefferliste.php?suchbegriff%5BAND%5D=impfm%FCdigkeit&suche=homepage&treffer_pro_seite=10&modus=title&level=125

Finanzen
http://www.finanzen.net/nachricht/aktien/Sanofi-Aventis-setzt-auf-Geschaeft-mit-Impfstoffen-270154

FOCUS Online
http://www.focus.de/gesundheit/gesundleben/vorsorge/news/medizin-die-seltsame-welt-der-impfgegner_aid_222555.html
http://www.focus.de/gesundheit/gesundleben/vorsorge/news/impfen-gegen-masern_aid_116066.html
http://www.focus.de/gesundheit/baby/news/mumps-impfgegner-loesen-epidemie-aus_aid_328263.html
http://www.focus.de/gesundheit/gesundleben/vorsorge/news/medizin-die-seltsame-welt-der-Impfgegner_aid_222555.html

Impfinformationen
http://www.impfinformationen.de/startseite/impfgegnerzitate.html

Impfschaden
http://www.impfschaden.info/de/impfschaeden-allgemein.html

Impfserviceplus - Novartis Vaccines
http://www.impfserviceplus.de/main/News/index.html?msg-id=01784

KiGGS - die Langzeitstudie des Robert Koch-Instituts
http://www.kiggs.de/kids/welt_der_medizin/pocken/index.html

Krankenkassen-Ratgeber
http://www.krankenkasse-ratgeber.de/impfung/impfmuedigkeit-28339.html

Libertas Sanitas
http://www.libertas-sanitas.de/main/modules/contact/

N24
http://www.n24.de/news/newsitem_6342987.html

Rhein Zeitung
http://www.krankenkasse-ratgeber.de/impfung/impfmuedigkeit-28339.html

Robert Koch-Institut
http://www.rki.de/nn_199596/DE/Content/Infekt/Impfen/impfen.htm
http://www.rki.de/cln_151/nn_195852/DE/Content/Infekt/Impfen/STIKO/stiko_node.html?_nnn=true

Schrot und Korn
http://www.schrotundkorn.de/2007/200706sp02.html

Spiegel Online
http://www.spiegel.de/wissenschaft/medizin/0,1518,742820,00.html

top agrar ONLINE

http://www.topagrar.com/news/Schwein-News-Tiergesundheit-Prophylaxe-besser-als-Therapie-92578.html
http://www.topagrar.com/news/Schwein-News-Niederlande-Antibiotika-Einsatz-um-12-gesunken-316250.html

Wikipedia

http://de.wikipedia.org/wiki/Impfung
http://de.wikipedia.org/wiki/Pocken
http://de.wikipedia.org/wiki/Ständige_Impfkommission

Bildnachweis

[6] **Tabelle 1: Reiter S:** Berichtsband der 1. Nationalen Impfkonferenz - Impfschutz im Dialog. Ein gemeinsames Projekt, Stiftung Präventive Pädiatrie, S. 23

[11] **Tabelle 2: Heininger U:** Berichtsband der 1. Nationalen Impfkonferenz - Impfschutz im Dialog. Ein gemeinsames Projekt, Stiftung Präventive Pädiatrie, S. 69 - *Daten aktualisiert im Juli 2010. Die historischen Werte vom März 2009 können im Abstractband (http://www.nationale-impfkon-ferenz.de/media/ Abstractband_5_03_09_.pdf) nachgelesen oder beim Autor erfragt werden.